NOUVEAU
MANUEL DU FAISANDIER

INSTRUCTION PRATIQUE

POUR LA

Multiplication et l'éducation des Faisans de l'Inde

DES COLINS HO-OUI, DE LA CALIFORNIE ET GÉRARD

PAR GÉRARD

Éleveur d'animaux domestiques
Fournisseur des lacs et parcs réservés du bois de Boulogne.

SE TROUVE CHEZ L'AUTEUR,

A SON ÉTABLISSEMENT, RUE DU THÉATRE, N° 101,

A GRENELLE.

NOUVEAU

MANUEL DU FAISANDIER.

NOUVEAU

MANUEL DU FAISANDIER

INSTRUCTION PRATIQUE

POUR LA

Multiplication et l'éducation des Faisans de l'Inde

DES COLINS HO-OUI , DE LA CALIFORNIE ET GÉRARD

PAR GÉRARD

Éleveur d'animaux domestiques

Fournisseur des lacs et parcs réservés du bois de Boulogne.

SE TROUVE CHEZ L'AUTEUR,

A SON ÉTABLISSEMENT, RUE DU THÉATRE, N° 101,

A GRENELLE.

1858

INTRODUCTION.

~~❦~~

L'éducation des oiseaux alimentaires a pris en France, depuis quelques années, un développement considérable. Non-seulement on s'occupe, dans toutes les contrées, d'améliorer les races indigènes qui vivent en domesticité, mais on multiplie, on propage avec soin celles qui ont été importées en Europe.

Mais les espèces et les races alimentaires déjà connues sont-elles les seules qui méritent de fixer l'attention des personnes aimant à s'occuper de l'éducation des volailles? Je ne le pense pas. Je suis même convaincu qu'il existe des espèces dont la multiplication doit offrir des jouissances nouvelles aux amateurs qui les accepteront. Je citerai comme exemple les divers colins qui ont fixé, dans ces dernières années, l'attention de la société impériale d'acclimatation. Ces oiseaux, indépendamment de leur chair, qui égale, si elle ne la surpasse pas, celle de la perdrix, ont un ensemble élégant et gracieux. En outre, ils se propagent avec une facilité vraiment extraordinaire.

Ces utiles oiseaux, destinés désormais à vivre en domesticité, ne sont pas les seuls qu'on puisse recommander : à côté d'eux, se range naturellement le faisan de l'Inde, espèce encore peu connue et répandue en

Europe, mais destinée, dans un temps plus ou moins long, à remplacer le faisan commun, parce qu'il a toutes ses qualités sans posséder aucun de ses défauts.

Convaincu que je suis, que le faisan de l'Inde et les colins ho-oui et de la Californie doivent être désormais classés parmi les oiseaux alimentaires domestiques, j'ai réuni, dans les pages qui suivent, les observations que j'ai faites sur leurs mœurs, leur mode de propagation et les règles qui régissent leur éducation. J'ai l'espérance que ces notes prouveront que ces oiseaux sont rustiques, faciles à élever, et qu'ils sont dignes, sous tous les rapports, de peupler les parcs, les bois ou les volières.

Imp. Lemercier Paris

Faisan de l'Inde.

CHAPITRE Iᵉʳ.

FAISAN DE L'INDE.

(*Phasianus torquatus*, Lath.)

Historique. — Description. — Mœurs. — Parquets. — Multiplication. — Nourriture des reproducteurs. — Incubation. — Éducation des faisandeaux.

Historique. — Si le faisan, si connu par la beauté de son plumage et la délicatesse de sa chair, est, de nos jours, moins répandu qu'autrefois, c'est que le temps a permis de constater qu'il ne méritait pas tous les éloges qu'on s'est plu à lui donner. Ainsi, on ne parvient à le multiplier qu'en le plaçant dans des conditions particulières

2

qu'en lui créant, pour ainsi dire, un habitat spécial, et en lui fournissant une alimentation déterminée et souvent très-coûteuse. Mais ces défauts ne sont pas les seuls qu'on puisse, avec raison, signaler et qui ont nui à sa propagation, en obligeant à l'éloigner de plusieurs parcs et de plusieurs lieux boisés. On doit aussi constater qu'on l'apprivoise très-difficilement, qu'il se plaît médiocrement dans les lieux secs et dans les bois montagneux et élevés, que son vol est lourd et peu élevé, et que la femelle ne pond jamais plus de douze œufs.

Enfin, j'ajouterai que le faisan, par suite de l'influence que l'homme a exercée sur son naturel, c'est-à-dire de la domestication à laquelle on a tenté si souvent de le soumettre, semble chaque jour perdre de ses qualités typiques et originelles.

Cette dégénérescence, si souvent confirmée depuis plusieurs années, justifie l'opportunité de propager en ce moment le *faisan de l'Inde* que l'on a aussi nommé *faisan à collier* ou *faisan de la Chine.*

Cette espèce se distingue du faisan ordinaire ou domestique par sa forme, son coloris, la grande facilité avec laquelle on la multiplie, et par son caractère farouche qui rappelle les mœurs des oiseaux vivant à l'état sauvage. Quant à sa chair, elle égale, si elle ne la surpasse pas en finesse, la chair du faisan commun.

Le faisan de l'Inde est peu répandu. C'est bien à tort qu'on a négligé de l'accepter pour peupler les parcs; car le brillant coloris de son plumage, la régularité de sa forme, le placent bien au-dessus du faisan commun.

Description. — Son bec est vert olive; sa tête est fine et d'un beau bleu velouté; son cou est entouré, au tiers environ de sa longueur, par un collier d'un beau blanc mat; sa gorge est à reflets violets d'un très-bel effet. Le bas du dos et le croupion sont vert-clair, glacé de blanc et à reflets. L'estomac est noir; les flancs sont jaune-pâle, mais les plumes qui les couvrent sont toutes tachetées à leur extrémité d'un point noir régulier qui leur donne de loin l'apparence des yeux de la queue du paon. La queue est longue, bien pointue, brune et rayée transversalement, de distance en distance, par des zones dentelées plus foncées en couleur. Les pieds ont un ergot court et pointu et ils sont gris.

La femelle est plus petite et plus svelte que le mâle. Elle diffère de la poule faisane ordinaire par son pelage, qui est d'un gris plus cendré, par sa queue, qui tire davantage sur le violet et qui est plus mouchetée que celle du mâle. Le blanc qui entoure ses yeux est aussi plus apparent.

Mœurs. — Le faisan de l'Inde se distingue aussi par ses mœurs du faisan commun.

Ainsi il ne pique pas comme ce dernier, c'est-à-dire ne fait pas de *piqûres* et ne cherche jamais à tuer ses congénères à grands coups de bec. On sait que le faisan ordinaire, privé de sa liberté, devient furieux et attaque ceux qui partagent sa captivité.

Parquets. — L'éducation des faisans de l'Inde doit avoir lieu dans des *parquets* dont la construction doit satisfaire à des conditions déterminées par l'expérience.

On construit ces parquets avec des planches hautes de un mètre au moins. Ces planches doivent être jointoyées à rainures et à languettes, afin que les faisans ne se voient pas réciproquement et qu'ils ne soient pas distraits pendant l'incubation. Sur le devant de ces cases, on ménage une porte qui sert à introduire la nourriture et à retirer les œufs.

Chaque parquet doit avoir environ deux mètres carrés. Le sol doit être garni de sable très-fin, dans le but de donner aux animaux le moyen de se rouler et d'empêcher les œufs de se casser pendant le temps de la ponte.

Le tiers de la surface de chaque parquet doit être couvert avec des planches. C'est sous cette partie abritée que les faisans se réfugient le soir et pendant le jour s'il vient à pleuvoir.

On doit garnir cette espèce de cabane d'un perchoir en bois tendre et arrondi. Ce support traverse les deux côtés latéraux et est élevé de 0^m 30^c environ du sol.

On termine la construction des parquets en étendant sur la partie qui n'est pas abritée par les planches, un filet en corde non goudronnée. Ce filet doit être aussi élastique que possible, afin que les faisans, qui cherchent toujours à fuir lorsqu'on s'approche de leurs parquets, ne puissent se blesser à la tête.

Les faisans ont la tête faiblement constituée; les blessures qu'ils y éprouvent leur sont souvent très-nuisibles.

On accroît la durée des filets en les laissant séjourner quelques semaines dans du tan. Cette opération doit être renouvelée chaque année.

Multiplication. — Les mœurs du faisan de l'Inde sont telles qu'on peut donner quatre femelles à chaque mâle.

Les femelles commencent à pondre à l'âge de huit mois, c'est-à-dire à l'époque de la ponte de la 'poule faisane ordinaire.

Chaque femelle pond de 75 à 90 œufs ou trois fois plus que la femelle du faisan commun.

Les œufs sont vert-olive-foncé, d'une grosseur uniforme, mais un peu plus petits que les œufs produits par les faisanes appartenant à l'ancienne espèce.

On recueille les œufs à l'aide d'une cuiller en étain fixée à l'extrémité d'une baguette suffisamment longue pour qu'on puisse atteindre le fond du parquet, c'est-à-dire la partie antérieure de la cabane sans y entrer.

Cette manière de procéder est nécessaire: si on agissait autrement, c'est-à-dire si on pénétrait dans les parquets, on effraierait les faisanes ; alors celles-ci perdraient leur disposition pour la ponte et pourraient même briser leurs œufs.

Nourriture des reproducteurs. — Vers le 15 février, époque à laquelle on confine les mâles et les femelles dans les parquets, on donne à ces oiseaux une nourriture particulière dans le but de rendre la ponte aussi fructueuse que possible. Cette alimentation consiste, pour chaque parquet renfermant cinq sujets, dans un mélange qui comprend les substances et les quantités suivantes :

1° { 200 grammes, blé de choix ,
{ 100 — chenevis 1re qualité;

2° { 1 œuf dur de poule divisé,
75 grammes de pain blanc rassis.

Ces aliments sont donnés en deux fois. Les graines sont distribuées le matin de très-bonne heure, et c'est vers onze heures qu'on donne l'œuf et le pain.

Il est nécessaire de donner du pain rassis, parce qu'il s'émiette plus aisément que le pain frais. Toutefois, il faut avoir le soin de ne pas le diviser à l'extrême parce que les faisans refuseraient de le ramasser.

On doit éviter, quand on alimente ces oiseaux avec les substances précitées, de leur donner des herbes vertes : cette nourriture, qui est très-rafraîchissante, nuit à la fécondation des œufs et arrête la ponte.

Lorsque la ponte est terminée, on remplace les deux rations précédentes par du pain trempé dans l'eau et une bonne quantité de plantes vertes.

Il est utile, lorsqu'on donne des aliments aux faisans, de les placer le plus

près possible de la porte de communication.
On ne doit jamais pénétrer dans les parquets à moins que cela soit absolument nécessaire, afin de ne pas effrayer et le mâle et
les femelles. C'est en suivant cette règle
qu'on peut espérer récolter intacts tous les
œufs que peuvent pondre les faisanes.

Incubation. — La poule à laquelle on
confie les œufs de faisans de l'Inde doit
couver dans une boîte ; celle que j'ai adop-
tée et que je recommande est une caisse
en bois de forme cubique ayant de 0^m 30^c
à 0^m 35^c de chaque côté. Elle est fermée
par un couvercle à charnières percé d'une
ouverture garnie d'une toile métallique à
mailles assez grandes pour que l'air les
traverse aisément.

Cette boîte à incubation est nécessaire ;
si on négligeait de l'avoir, on éprouverait
certainement des pertes importantes. Ainsi,
sans elle, la poule pouvant quitter à volonté

son nid, abandonnerait souvent ses œufs, parce qu'ils sont plus petits et plus foncés que ceux qu'elle produit. En outre, les faisandeaux, qui sont très-vigoureux quelques heures après leur naissance, s'éloigneraient à volonté de leur mère et seraient exposés à périr de froid ou faute de soins.

Ces couvoirs doivent être placés dans un endroit bas, mais ni trop sec ni trop humide; une chaleur élevée et prolongée comme une humidité excessive nuit toujours à la réussite de l'incubation

On doit choisir de préférence, pour faire couver les œufs de faisanes de l'Inde, les poules indiennes ou anglaises, ou les poules cochinchinoises de petites races, les plus douces et les plus familières.

Avant de placer les œufs sous la poule qu'on a choisie, on doit s'assurer préalablement qu'elle a une prédisposition marquée à l'incubation. A cet effet, on lui fait couver des œufs ordinaires pendant quatre à cinq jours. Si elle persiste sur le nid, on les lui enlève et on les remplace par des œufs de faisan. Lorsqu'on néglige de faire cet essai, on s'expose à constater des résultats complétement nuls et des pertes importantes. La poule, qui n'adopte pas toujours facilement les œufs de faisan, les couvrirait mal ou les casserait presque tous.

L'incubation dure vingt-cinq jours.

Il est utile, dès le vingt-troisième jour et lorsque les couveuses prennent leur repas, de glisser sous les œufs quelques feuilles vertes , afin d'entretenir dans le nid une certaine humidité et favoriser par là l'éclosion. Les feuilles qu'on doit choisir de préférence sont celles qui peuvent se sécher sous les œufs sans se décomposer, comme cela a lieu quand on emploie des feuilles de laitue ou de romaine.

Enfin, il est essentiel d'avoir toute prête une boîte garnie intérieurement d'une peau d'agneau et destinée à recevoir les petits au moment de leur éclosion. Cette boîte est peu coûteuse et elle évite bien des mécomptes.

On conserve les faisandeaux dans cette boîte pendant dix-huit ou vingt heures, temps pendant lequel ils prennent assez de force pour supporter sans inconvénients tous les mouvements de la mère.

Éducation des faisandeaux. — On nourrit les faisandeaux aussitôt après leur naissance avec des œufs très-frais de fourmis. Ces œufs ne doivent pas être alliés à des fourmis vivantes ou à d'autres matières.

On obtient facilement ces œufs en couvrant de feuilles la boîte dans laquelle ils ont été renfermés. Les fourmis qui y existent s'empressent de ramener les œufs à la surface de la masse pour les cacher sous les feuilles. Alors, si au bout d'un certain temps on enlève ces feuilles, on peut aisément faire une abondante récolte d'œufs.

3.

Vers le cinquième ou sixième jour qui suit l'éclosion, on donne aux faisandeaux un mélange composé d'œufs durs, de mie de pain et de feuilles de laitue, haché bien menu, mais non écrasé.

J'ai reconnu par expérience qu'on pouvait leur donner avec avantage du riz de qualité inférieure, après l'avoir fait cuire à la vapeur et laissé se refroidir en l'exposant à l'air sur une grosse toile. On les excite à consommer cet aliment en le faisant cuire dans du lait et en le saupoudrant de sucre pendant les premiers jours.

Il faut que le riz, ainsi préparé, soit donné peu humide, afin que les grains ne s'attachent pas les uns aux autres et qu'ils aient l'aspect que présentent les œufs de fourmis.

Ce mode d'alimentation est fortifiant, entretient les faisandeaux dans un parfait état de santé et permet de réaliser une économie qu'on ne peut espérer obtenir avec tous les autres aliments.

Quand les jeunes faisans ont environ deux mois, on leur donne du petit blé nouveau si on peut en avoir. Ce grain, beaucoup plus tendre que celui de la récolte précédente, est consommé avec avidité par ces oiseaux. On peut remplacer ce grain par des épis de blé encore verts, mais qui contiennent des grains bien formés. Les faisandeaux sont friands de cette nourriture.

On peut encore, si l'on veut varier les aliments, leur distribuer, de temps en temps, un mélange de graines concassées de millet et de chenevis. Toutefois, ce mélange étant très-échauffant, doit être donné avec ménagement.

Il n'est pas inutile d'observer qu'il faut éviter de laisser boire les faisandeaux pendant les huit jours qui suivent leur éclosion. L'humidité que renferment les œufs de fourmis, celle que contiennent les feuilles hachées de salade qu'on leur donne, suffit pour les rafraîchir pendant cette première période de leur existence. L'expérience a toujours prouvé qu'un excès d'humidité leur était nuisible et souvent mortel.

Lorsque les jeunes faisans ont environ trois mois, on les abandonne à eux-mêmes dans des *parquets* maintenus dans un parfait état de propreté.

On prévient dans ces enclos le dégagement de mauvaises odeurs : 1° en enlevant de temps à autre les déjections ; 2° en coordonnant le nombre de faisans avec l'étendue que présente chaque parquet ; 3° en retournant avec la bêche et de temps à autre la surface du sol.

On se dispense de ces précautions en divisant l'aire des parquets en deux parties égales. Alors, on laboure à la bêche l'une d'elles, on l'ensemence avec des graines de chenevis, d'avoine, etc., et on la couvre à l'aide d'un grillage assez élevé au-dessus du sol pour que les faisans ne puissent consommer les graines que l'on a semées. Lorsque ces semences ont germé, on enlève le grillage et on les abandonne aux faisans. On répète ensuite la même opération sur la deuxième partie du parquet.

Ce moyen m'a toujours très-bien réussi. Je le recommande aux personnes qui se livrent à l'éducation des faisans. Il a l'avantage de procurer à ces oiseaux un exercice salutaire et utile.

Colin Houé

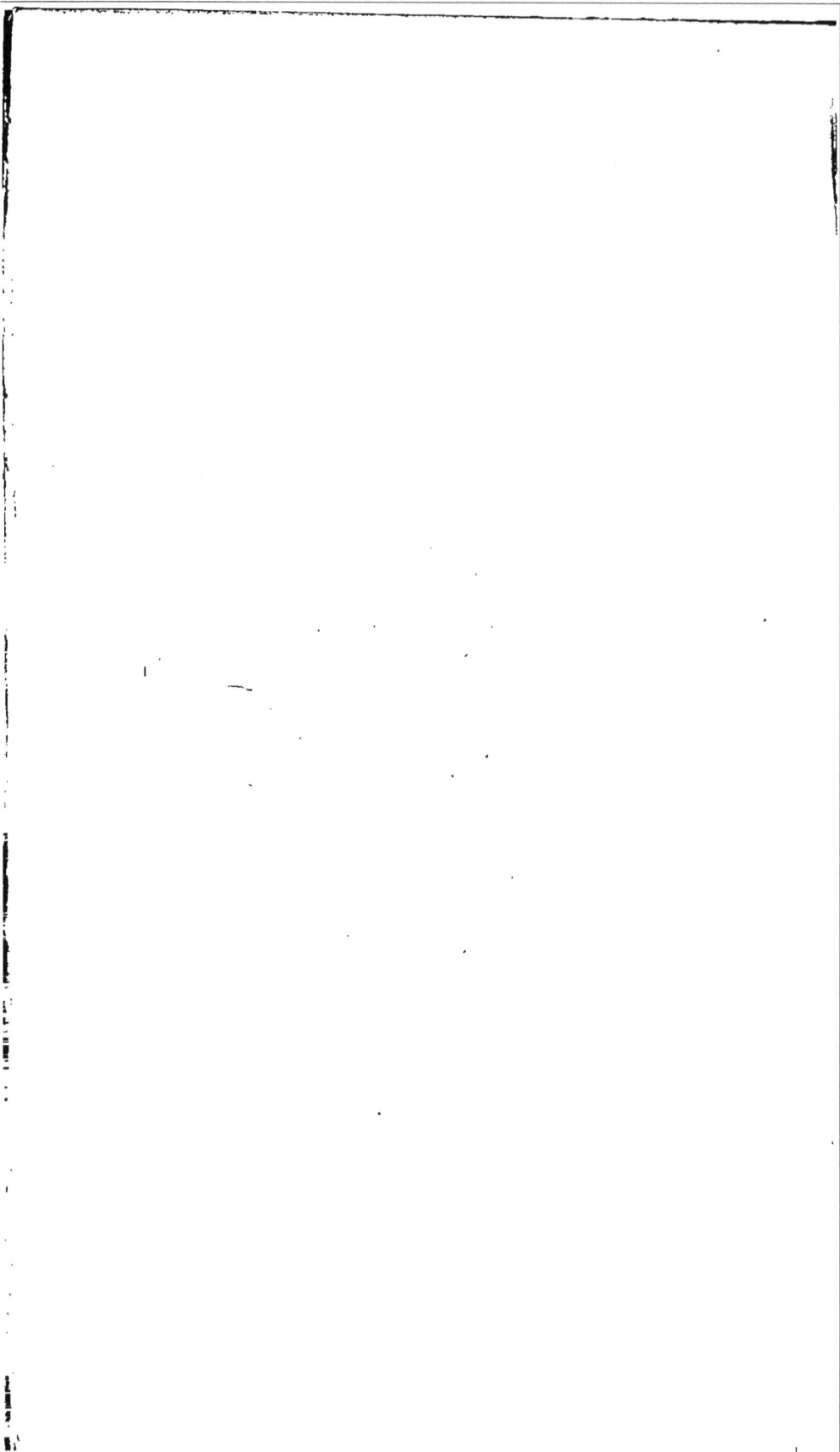

CHAPITRE II.

PERDRIX COLIN OU COLIN HO-OUI.

istorique. — Rusticité. — Description. — Mœurs. —
Accouplement. — Ponte. — Incubation. — Éducation.

Historique. — Cette espèce, que Latham a
ppelée *Perdix virginiana*, Vieillot, *Perdix*
orealis, et Charles Bonaparte, *Ortyx virgi-*
ana, a été classée par Buffon à la suite des
illes et par Fernandez après les perdrix.
Elle est commune dans les contrées si-
ées entre le Canada et le Mexique ; elle est
ssi très-abondante dans l'État de l'Ohio,
ns l'Amérique du Nord. C'est en 1842
'elle a été introduite en France.

Rusticité. — Le colin ho-oui ou houi, appelé aussi *perdrix de Pensylvanie* et *perdrix boréale,* est rustique ; il a très-bien résisté, à Versailles , à une température de 12° au-dessous de zéro et à une couche de neige de 0^m 12 d'épaisseur.

Description. — *Mâle.* — Le bec est court et rouge ; le sommet de la tête ainsi que le dos sont brun-marron ; les sourcils, qui sont doubles, sont reliés à la nuque de chaque côté de la tête par une raie blanche qui rappelle la couleur de la gorge. Le dessus du cou est moucheté de noir et de blanc ; une bande noire partant du bec et passant sur les côtés du cou encadre la poitrine ; celle-ci et les flancs sont noirs et roux, et parsemés de taches ovoïdes blanches cerclées de noir. Le ventre offre des raies noires transversales, et les ailes sont finement jaspées de grisâtre et bordées de roux très-clair. Les pieds et les ongles sont rouges.

Femelle. — La femelle est plus petite que le mâle. Toutes les parties qui sont colorées en noir chez ce dernier sont de couleur rousse chez elle. Sa gorge, au lieu d'être blanche, est roux-pâle.

En général, la femelle a des couleurs plus ternes que celles que présente le mâle.

Mœurs. — Le colin ho-oui fait entendre un cri, une sorte de sifflement que l'on a représenté par les mots suivants : *ho-oui*; *ah-bob-ayaïte*. Son vol est le même au départ que celui de la perdrix. Dans les circonstances ordinaires, il se niche dans les broussailles les plus épaisses; mais si on le poursuit, il se perche sur les grosses branches où il reste longtemps immobile.

Le colin ho-oui se chasse très-aisément parce qu'il n'est pas défiant. En Amérique, on le prend facilement avec un filet; aussi est-ce pour ce motif qu'il est si abondant sur les marchés de New-York. Enfin, il a le mérite de revenir, quand on cesse de le poursuivre, à l'endroit où il a été élevé.

Il vit en société dans les plaines, sur la lisière des bois et surtout dans les taillis. C'est en août, après la deuxième ponte, que les colins et leur suite se réunissent en une compagnie de deux couples.

Accouplement. — L'accouplement entre le mâle et la femelle a lieu au printemps, vers la fin d'avril ou le commencement de mai.

Ponte. — La femelle pond à deux époques : 1° du 15 mai au 30 juin ; 2° vers la fin de juillet. Elle est plus féconde que la perdrix. En général, elle produit à chaque ponte de 15 à 24 œufs, soit 20 en moyenne. Ces œufs sont unis, blancs sans être lustrés.

Les mâles et les femelles font leur nid avec des brins de foin ou d'herbe sèche qu'ils ramassent dans les champs. Ce nid est rond et volumineux, et toujours placé à terre au pied d'un buisson ou d'une touffe d'herbe.

On remarque au sommet une calote en forme de cône et sur le côté une ouverture ronde par laquelle le mâle et la femelle entrent ou sortent à volonté.

Incubation. — La femelle paraît être une excellente couveuse ; mais on lui confie rarement les œufs de sa première ponte, afin de ne point compromettre l'avenir de la deuxième. On les fait couver par des poules les plus petites qu'on puisse se procurer.

L'incubation dure de vingt-deux à vingt-trois jours.

Éducation. — Les petits quittent le nid aussitôt après leur éclosion. Ils réclament des soins semblables à ceux qu'on accorde aux jeunes colins de la Californie (voir p. 35).

J'observerai qu'ils sont très-avides d'in
sectes et qu'ils ne doivent pas vivre pendan
leur première phase d'existence dans de
lieux frais ou sur un sol humide. Quand
par la force des choses, on est obligé de le
conserver dans un local humide, on doi
couvrir l'aire de ce bâtiment d'une bonn
couche de paille.

En septembre et en novembre, les colin
ho-oui se nourrissent de grains, de baie
que leur fournissent les bois et de coléop
tères. Aussi est-ce avec raison qu'on a sou
vent dit en Amérique qu'ils étaient des oi
seaux très-utiles parce qu'ils détruisen
annuellement un très-grand nombre d'in
sectes.

Lorsqu'on les élève en domesticité, o
doit leur donner une nourriture substan
ielle et très-excitante à cause de leur tem
p ament qui est lymphatique. Ils se nour
rissent très-bien d'œufs de fourmis, d'œu
durs, de fourmis noires, de vers à farine

de sauterelles préalablement brisées, d'asticots convenablement dégorgés dans de la terre ou du son, ou qui se sont développés dans du son en fermentation ou de la drêche abandonnés à eux-mêmes à l'air libre.

Les colins ho-oui s'engraissent aussi facilement que la caille. Ils constituent un gibier excellent et très-recherché : leur chair est blanche, moins sèche et plus savoureuse que celle de la perdrix et moins fade que celle de la caille.

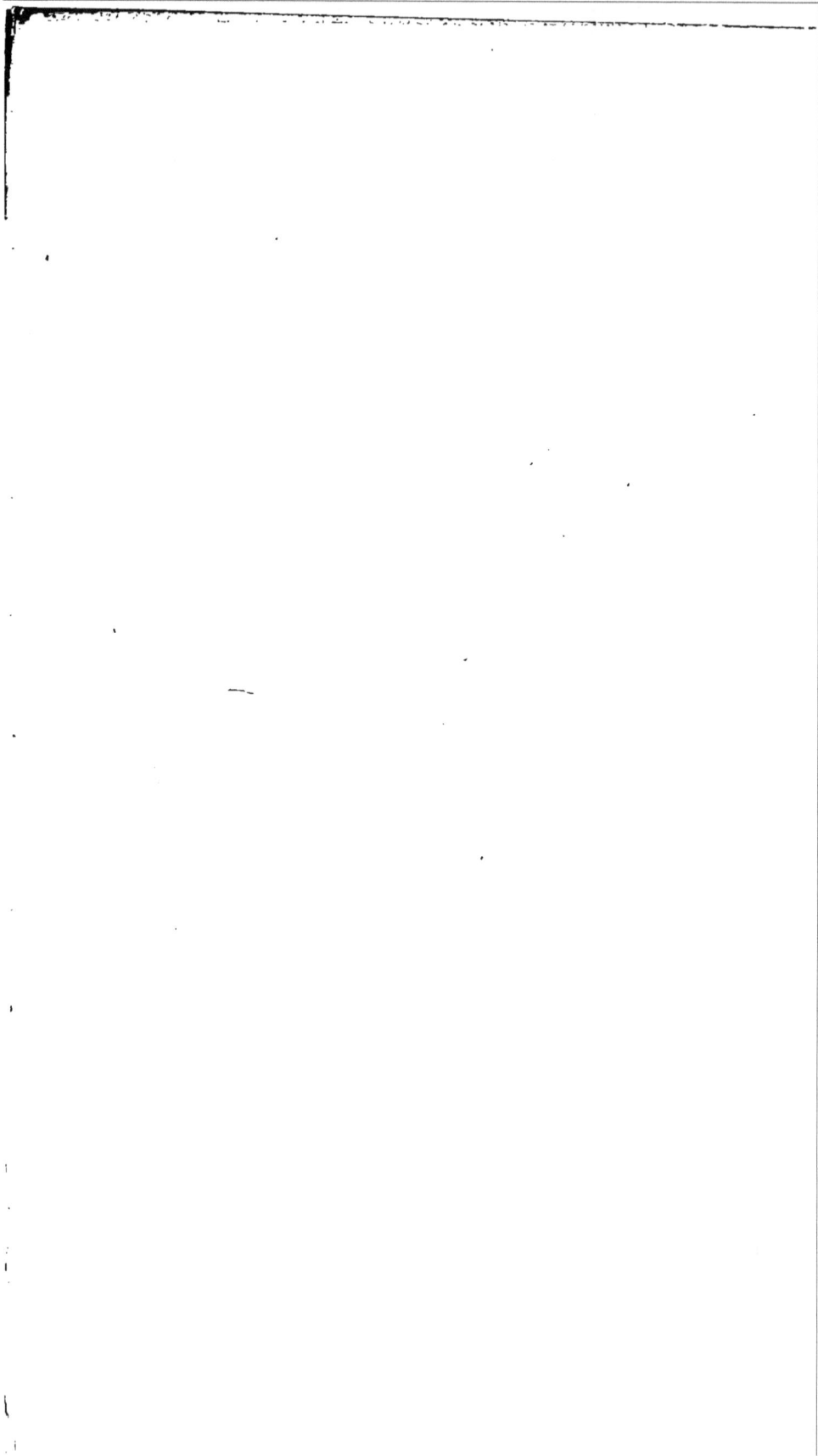

CHAPITRE III.

COLIN DE LA CALIFORNIE.

Historique. — Description. — Parquets. — Nourriture
des reproducteurs. — Ponte. — Incubation. — Éclosion. — Nourriture des jeunes.

Historique. — Cette espèce, à laquelle on
a donné les noms de *Perdix californica* (Latham), *Ortyx californica* (Lesson), est connue
en Europe ; mais c'est moi qui ai livré les
premiers sujets au commerce en 1856 ; ils
avaient été apportés de la Californie par
M. Descamps en octobre 1852.

Mœurs. — Cette espèce a un avantage
considérable sur le colin ho-oui, celui de

pouvoir être élevée dans un petit espace, soit à l'intérieur d'un appartement, soit dans une cour ou un jardin.

Description. — Ce colin a un front gris et une huppe de plumes noires recourbées. La gorge est noire et encadrée de blanc; les deux côtés du cou sont d'un gris perlé; le ventre et les flancs sont émaillés de noir et de blanc; la queue est généralement longue.

Parquets. — Les parquets dans lesquels on renferme ces oiseaux avant la ponte doivent avoir un mètre de longueur sur 0^m 50 de hauteur et de largeur. La moitié de chaque enclos doit être couverte par une espèce de toit incliné du dedans en dehors, afin que l'eau, pendant les saisons pluvieuses, ne tombe pas sur l'aire du parquet. On garnit intérieurement la partie couverte d'un perchoir entièrement semblable à celui que réclament les colins ho-oui.

Il est utile de ne pas donner aux couples un espace plus grand que la superficie indiquée précédemment. Si la surface de chaque parquet était plus considérable, les colins auraient trop de distraction, et cette liberté nuirait à la ponte et à la qualité des œufs, puisque le mâle aurait moins de tendance à se rapprocher de la femelle.

L'aire des parquets doit être garnie de sable très-fin et exempt de cailloux. Cette précaution est indispensable, parce que la coquille des œufs est mince et se brise facilement quand elle choque contre un corps dur et anguleux.

Nourriture des reproducteurs. — Chaque parquet ne doit contenir qu'un mâle et une femelle parce que le premier n'est pas polygame. Vouloir donner au mâle une deuxième femelle, c'est désirer exposer la première à une mort certaine.

On nourrit les colins reproducteurs avec

4.

de la graine d'alpiste ou millet des Canaries. Cette graine a un grand avantage sur celle de millet ordinaire; elle est moins nutritive et dispose moins le mâle et la femelle à l'engraissement. J'ajouterai que la graine du millet ordinaire nuit à la ponte et elle peut occasionner la mort de l'un ou de l'autre pendant les grandes chaleurs.

Nonobstant, on doit leur donner chaque jour des herbes ou des plantes vertes afin de les rafraîchir continuellement; il est né-cessaire de renouveler tous les matins l'eau contenue dans les auges des parquets ou mieux dans les bouteilles siphoïdes.

Vers le 15 de mars, c'est-à-dire quinze jours environ avant le commencement de la ponte, on donne chaque jour et à chaque couple une bonne cuillerée à bouche de mie de pain blanc rassis mêlée avec le sixième d'un œuf dur.

On continue cette alimentation pendant toute la durée de la ponte.

Ponte. — La femelle commence à pondre vers le commencement d'avril et chaque jour elle produit un œuf. Comme elle dépose ses œufs dans un trou qu'elle a disposé à cet effet, il est indispensable d'en faire la récolte chaque jour en se servant de la cuiller décrite à l'article relatif au faisan de l'Inde. Si on abandonnait les œufs dans le trou où elle les place, la femelle cesserait de pondre et commencerait à couver.

Une femelle pond jusqu'à 60 et même 80 œufs.

En 1856, j'ai acheté 6 mâles et 4 femelles au prix de 2,800 fr., soit 280 fr. la pièce. Ayant perdu une femelle et livré un couple à l'Empereur pendant le Concours agricole universel, je ne pus disposer que de deux femelles et de deux mâles pour la reproduction. Ces deux couples fournirent 160 œufs qui donnèrent 120 petits : 50 mâles et 70 femelles.

En 1857, je conservai 12 couples qui

produisirent chacun en moyenne 100 œufs. Cette production considérable donna après l'incubation 380 femelles et 420 mâles.

En supposant que je n'eusse pas cédé d'œufs avant la deuxième année de l'importation de ces oiseaux, j'aurais certainement possédé, en 1857, 52 couples qui auraient produit 5,200 œufs, qui très-probablement eussent donné 4,000 jeunes colins. Cette supputation, qui n'a rien d'exagéré, justifie, comme les chiffres qui précèdent, la facilité avec laquelle les colins de la Californie ont été acclimatés en France ; en outre, elle prouve que la fécondité de cette espèce est vraiment extraordinaire.

Les œufs ont une forme qui rappelle les œufs de la perdrix ordinaire, mais ils sont plus petits qu'eux et ils présentent des taches plus grandes, mais moins nombreuses que celles qu'on remarque sur les œufs de la caille.

Incubation. — L'incubation des œufs des colins de la Californie présente des difficultés qu'on ne surmonte pas toujours très-aisément. Ces obstacles consistent à se procurer des poules couveuses appartenant aux plus petites espèces comme les poules pattues ou les poules indiennes ; les premières doivent être préférées aux secondes parce qu'elles sont plus légères, plus douces et meilleures couveuses. Le poids des poules auxquelles on confie des œufs de colins de la Californie ne doit pas dépasser 500 à 750 grammes.

L'incubation dure 22 jours.

On doit s'assurer, comme je l'ai recommandé en parlant du faisan de l'Inde, avant de confier des œufs de colins à une poule, si elle est réellement disposée à couver. Lorsque les poules couveuses qu'on veut utiliser sont grasses, on les laisse pendant huit à dix jours sur des œufs de poules communes. Cette incubation d'essai les affaiblit et les rend plus légères ; alors, elles ont moins de tendance à communiquer aux œufs de colins une chaleur trop forte et à étouffer les jeunes sujets au moment de leur éclosion.

On peut, dans cet essai, remplacer très-avantageusement les œufs de la poule commune par des œufs en faïence ayant la forme et la couleur des œufs de colins de la Californie. Cette substitution permet à la poule de piquer sans inconvénients les œufs qu'elle ne connaît pas, et elle l'oblige à les couver. Au bout de quelques jours, c'est-à-dire lorsque la poule a accepté les œufs artificiels, on substitue à ces derniers des œufs naturels. Ce changement se fait alors avec sécurité, parce que la poule s'est habituée à leur petitesse et à leur coloration.

Lorsque la femelle du colin couve ses œufs, le mâle, pendant toute l'incubation, veille très-attentivement auprès d'elle.

Éclosion. — Les poules n'adoptent pas immédiatement les jeunes colins comme leurs descendants; c'est pourquoi il est prudent de surveiller l'éclosion et d'enlever tous les petits au fur et à mesure qu'ils naissent pour les mettre dans une boîte garnie d'une peau d'agneau. On aura soin de leur accorder peu d'espace, afin qu'ils se touchent et s'échauffent mutuellement.

On peut les laisser sans inconvénient dans cette caisse pendant dix-huit à vingt heures sans leur donner de nourriture.

Quand l'éclosion est terminée, on prend les colins les plus vifs et les mieux portants et on les met sous la poule. On cherche, autant que possible, à y placer la moitié de la couvée. L'autre partie ne pourra lui être confiée que lorsqu'elle aura séjourné dans la boîte pendant le temps indiqué.

En général, les poules qui refusent d'accepter les colins s'agitent violemment et font entendre des cris vifs et répétés.

On empêche une poule de tuer les jeunes sujets qu'elle a fait éclore, en la privant de la vue pendant les premiers jours qui suivent l'éclosion. A cet effet, on l'encapuchonne avec une sorte de sac d'indienne très-souple et ayant la forme d'un entonnoir très-évasé à son sommet, ainsi que le représente la figure suivante :

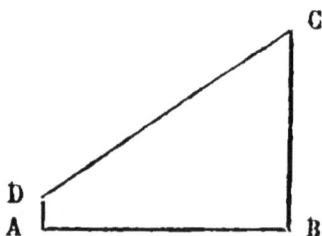

A la partie B C existe une coulisse à l'aide de laquelle on fixe ce sac en arrière de la tête. L'ouverture A D est suffisamment grande pour que le bec de la poule puisse saillir en dehors.

Il est nécessaire, pour que ce sac ou capuchon n'effraie pas les jeunes colins, que sa couleur s'identifie avec celle du plumage de la poule.

Avant de retirer les jeunes colins de la boîte pour les placer sous la mère, il faut mettre celle-ci dans une caisse à faisan dont le fond est garni d'un morceau de tapis ou d'étoffe assez résistante pour que la poule ne puisse la rouler en grattant et étouffer les sujets.

Ce morceau de tapis a pour effet d'empêcher les jeunes colins de se blesser aux articulations, ce qui aurait inévitablement lieu si on les abandonnait à eux-mêmes, le lendemain de leur naissance, sur un plancher en bois. Les petits, au sortir de la coquille, sont plus vifs que les perdreaux et les cailleteaux et grattent presque immédiatement.

Nourriture des jeunes. — Les jeunes colins de la Californie doivent être nourris de la même manière que les faisans de l'Inde (*V*. p. 13). Toutefois, on aura soin de bien émietter les œufs et de donner les feuilles de salade en abondance et très-divisées.

Vers le sixième ou le huitième jour, on donne à boire aux jeunes colins. On doit adopter de préférence *l'abreuvoir siphoïde*; cet appareil se compose d'une bouteille fermée en zinc contenant de un à deux litres. L'ouverture qu'il présente à sa base permet à l'eau de s'écouler très-lentement dans le petit réservoir où viennent s'abreuver les oiseaux. On remplit cet abreuvoir en le plongeant, le goulot en bas, dans un seau d'eau et en l'y maintenant pendant quelques minutes. L'eau y pénètre par la petite ouverture qu'on observe au-dessus du réservoir. Cet appareil a l'avantage de fournir de l'eau toujours très-pure et très-propre, puisque les colins ne peuvent s'y baigner.

Lorsqu'on ne possède pas cet abreuvoir, on se trouve dans la nécessité de donner à

boire aux colins deux fois par jour, en
ayant soin de leur présenter chaque fois de
l'eau très-fraîche et limpide.

CHAPITRE IV.

——

COLIN GÉRARD.

Ce colin est le produit de l'alliance du colin ho-oui avec une perdrix de Californie; mais il n'a pas hérité uniformément des caractères de ses ascendants; il se rapproche davantage de la perdrix de la Californie. Ainsi, sa tête est ornée d'une huppe un peu moins longue que celle que porte l'espèce type. Le mâle a une gorge dans laquelle le noir a été remplacé par du blanc; celle de la femelle est feu au lieu d'être grise. Les flancs, chez le mâle, sont jaune, noir et bleu, avec quelques taches blanches. La femelle offre les mêmes nuances, à l'exception qu'elles sont un peu moins brillantes.

Ce nouveau colin, préférable à mon avis quant au plumage aux colins ho-òui et de la Californie, est très-vigoureux et robuste; je suis porté à croire qu'il se multipliera aisément et extraordinairement.

La femelle de perdrix de Californie, que j'ai accouplée avec un colin ho-oui pour produire le croisement, m'a donné cent œufs, nombre aussi considérable que celui qu'elle fournit dans les circonstances ordinaires, c'est-à-dire quand elle est accouplée avec un mâle de son espèce.

L'incubation et l'éducation des jeunes sujets demandent les soins qu'exige la perdrix de Californie.

On doit éviter de donner deux femelles à un mâle, ainsi que je l'ai recommandé en parlant des colins ho-oui.

PRÉCAUTIONS

*Qu'il faut prendre lorsqu'on abandonne
en liberté des colins dans un parc.*

Les colins qu'on a élevés pour ainsi dire
artificiellement, ne doivent pas être tous mis
en liberté dans un parc ou tout autre enclos,
lorsqu'ils ont atteint l'âge adulte. Si on agissait ainsi, on s'exposerait à perdre tous les
sujets qu'on possède, parce que leur instinct
les porte à émigrer dans les pays où ils
vivent à l'état sauvage.

C'est lorsque les jeunes sujets ont encore
besoin de leur mère et qu'ils répondent à
son appel qu'on doit commencer à les abandonner à leurs propres forces. Toutefois,
on agit prudemment en ne lâchant les cou-
vées que les unes après les autres, et à des
intervalles peu rapprochés.

On rend leur acclimatation plus facile et plus certaine en leur élevant, dans un endroit un peu retiré du parc, soit un kiosque, soit une grotte ou un châlet destiné à les abriter pendant la nuit ou l'hiver, et à garantir des pluies la nourriture qu'on doit leur donner pendant les douze ou les quinze premiers mois qui suivent leur existence libre.

J'ai dit qu'on ne doit pas abandonner à eux-mêmes tous les colins qu'on possède. Il faut conserver, par prudence, quelques couples en parquets. Cette mesure aura un autre avantage : les cris que ces oiseaux feront entendre s'opposeront à l'émigration des couples vivant en liberté, et ceux-ci s'acclimateront plus facilement.

Lorsqu'on se trouve dans la nécessité de mettre en liberté des colins adultes dans un parc, il ne faut les y lâcher qu'à des intervalles très-éloignés. Dans les circonstances ordinaires, quelques couples d'une espèce donnée suffisent pour qu'elle s'y naturalise et s'y propage.

TABLE DES MATIÈRES.

———◦◦◦○⟩✠⟨○◦◦◦———

CATALOGUE ET PRIX DE VENTE.

CATALOGUE ET PRIX DE VENTE

DES

DIFFÉRENTES ESPÈCES D'ANIMAUX REPRODUCTEURS

QUI SE TROUVENT DANS L'ÉTABLISSEMENT DE

M. GÉRARD.

	PRIX des animaux.
ESPÈCE BOVINE.	
Race bretonne (*spécialité*) mâles ou femelles..........................	150 à 300^{fr.}
Race d'Ayr........................	500 à 800
Races cotentine, flamande, charolaise, etc.	
Zébus.............................	500 »
ESPÈCE OVINE.	
Race mérinos { mâles	200 à 500
{ femelles...............	120 à 150
— South-Down (*spécialité*) { mâles....	100 à 300
{ femelles..	80 à 100
— Cotswold-berrichonne.. { mâles....	300 à
{ femelles..	100 »
— Napolitaine (grande race { mâles....	250 »
à laine commune)..... { femelles..	150 »

ESPÈCE PORCINE.

Animaux des races françaises et étran-
gères, notamment des races Normande,
Craonnaise, Essex, Leicester, Hampshire,
Berkshire, Coleshill, Yorckshire, etc., etc.

ESPÈCE CAPRINE.

	PRIX des animaux.
Boucs et chèvres de la Haute-Egypte, mâles ou femelles..................	75 à 150fr.
Race Angora { mâles	400 »
{ femelles	250 »
— d'Abyssinie, mâles ou femelles.....	100 »

ANIMAUX POUR LA CHASSE

ET L'ORNEMENT DES PARCS.

Lamas...........................	750 »
Cerfs...........................	200 »
Daims...........................	70 à 100
Chevreuils.......................	60 à 100
Lièvres..........................	5 à 10
Lapins de garenne..................	1f 50 à 2f
Chiens de chasse et de garde	

LAPINS DOMESTIQUES.

Lapins béliers, mâle ou femelle........	10 à 40
— double shut	25 »
— lopes et demi-lopes.............	20 »
— argentés	10 »
— de garenne de Russie...........	6 »

OISEAUX DE BASSE-COUR	PRIX (1)	
FRANÇAIS OU ÉTRANGERS.	des animaux.	des œufs.
COQS ET POULES.		
Crèvecœur...........la pièce	6 à 30ᶠ	» 75ᶜ
Houdan ou Normands.........	5 à 12	» 50
De La Flèche	10 à 40	1ᶠ »
Du Mans...................	10 à 40	1 »
Du Brésil	50 »	»
Brahma-Poutra	10 à 50	1 à 1 50
Cochinchinois — coucous......	100 »	10 »
— blanc........	10 à 50	1 à 1 50
— jaunes.......	10 à 50	75ᶜ à 1 50
— noirs........	25 à 100	2 à 4ᶠ
De Padoue — chamois........	40 »	1 25
— dorés..........	10 à 25	1 »
— argentés........	20 »	1 »
— noirs..........	20 »	1 »
— blancs	20 »	1 »
— coucous........		
Hollandais ardoisés..........	30 »	3 »
— noirs à huppe blanche	25 à 100	3 »
De la Gelde...............	30 »	2 »

(1) Les prix les moins élevés se rapportent à des jeunes poulets d'un' mois à six semaines. Les plus élevés sont ceux des animaux adultes et propres à la reproduction. — Les prix des œufs varient suivant les saisons.

6.

	PRIX	
	des animaux.	des œufs.
Andalous......................	25ᶠ »	1ᶠ »
Russes, de toutes couleurs.....	25 »	1 »
Malais.....................	50 »	10 »
Du Gange..................	30 »	2 »
De Java,..................	15 »	1 25
Dorking	20 »	1 50
Négresse.................	50 »	2 »
Bantam dorés.............	15 »	» 50
— argentés.............	15 »	» 50
— de toutes couleurs.....	10 »	» 50
De combat................	20 »	1 »
PINTADES.		
Blanches du Sénégal...la pièce	15 à 30ᶠ	1 »
Cendrées..................	15 »	
Ordinaires	4 à 6	» 50
FAISANS.		
Dorés..............la pièce	30 à 70	2 »
Argentés.................	10 à 25	75ᶜ à 1ᶠ 50
De l'Inde à collier (*espèce très-productive, spécialité de l'établissement*).................	10 à 25	1 50 à 3ᶠ
D'Afrique, blancs............	25 »	2 »
Panachés	15 »	1 50

	PRIX	
	des animaux.	des œufs.
Cendrés......................	15ᶠ »	1ᶠ 50
Vulgaires....................	6 à 15	50ᶜ à 1ᶠ
PERDRIX.		
Perdrix rouges ....la pièce		10ᶜ à 75ᶜ
— grises...............		25ᶜ à 60ᶜ
Colins huppés de la Californie (la paire).................	50 à 70ᶠ	3ᶠ pièce.
Colins ho-oui...............	30 à 70·	3 id.
DINDONS.		
Sauvages, espèce primit. la pièce	30 »	»
Cuivrés d'Amérique.	40 »	»
Blancs.....................	20 »	»
Du Berry	20 »	»
Cendrés.	30 »	»
OIES.		
De Toulouse ....la pièce	25 »	2 »
De Guinée.................	25 »	»
Du Canada	35 »	»
D'Alençon.................	10 »	1 »
D'Egypte	45 »	»
Des Moissons..............	20 »	»
Bernache..................	35 »	»
Cravant...................	30 »	»

CANARDS ET AUTRES OISEAUX AQUATIQUES.	PRIX	
	des animaux.	des œufs.
Canards Normands ....la pièce	15ᶠ »	» 75ᶜ
— Hollandais, grande es-		2 »
pèce.............	30 »	1 »
— huppés	15 »	1 50
— d'Aylesbury	25 »	1 »
— Labrador (nouv. espèce)	30 »	»
— Polonais............	20 »	»
— de l'Inde............	10 »	»
— Mandarins....la paire	100 à 150ᶠ	»
— Carolins	70 à 100	»
— Tadorne	50 »	»
— Siffleurs............	12 à 15	»
— Millouins............	12 à 15	»
— Millouinans.........	30 à 30	»
— Morillons	20 »	»
Sarcelles d'été............	10 à 15	»
— d'hiver	10 à 15	»
Judelles................	20 »	»
Cygnes domestiques, jeunes....	30 à 70	»
— — àgés	70 à 100	»
— sauvages	300 »	»
— noirs d'Australie.......	400 »	»
Goëlands, mouettes, cigognes...	»	»
Hérons, échassiers, etc., etc ...	»	»

PIGEONS.

De volière et de fantaisie de toutes espèces.

PAONS.

Vulgaires, 15 à 25 fr. la pièce.
Paons blancs, du Japon, etc.

Les prix ont été réduits de 25 °/₀ depuis que l'établissement a été transporté à Grenelle, où il n'y a pas de droits d'octroi à supporter.

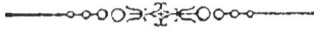

———∞∞○∋⊰⊱⊂○∞∞———

Les personnes qui, en achetant des œufs, craindraient de ne pas les recevoir de bonne qualité, ou de ne pas obtenir de ces œufs les espèces de volailles qu'elles se proposaient, pourront, pour le prix double des œufs, avoir de jeunes poulets de huit jours à trois semaines, qu'il est très-facile d'expédier sur tous les points de la France, dans des boîtes dites poussinières, qui seront délivrées gratuitement lorsque la commande dépassera 20 fr.

L'établissement de M. Gérard, le plus vaste de ce genre, renferme les animaux reproducteurs des espèces les plus variées. Il se charge d'ailleurs de fournir tous ceux qui lui seront demandés.

On trouve M. Gérard tous les jours, après midi, à son établissement, où il se plaît à donner à MM. les amateurs d'animaux tous les renseignements qui peuvent leur être nécessaires.

Les petites voitures de remise ou de place conduisent jusqu'à la porte de l'établissement au prix du tarif de Paris. — Deux omnibus, dont les stations sont à quelques minutes, traversent Paris dans toute sa longueur sur les rives droite et gauche.

Paris. — Impr. LÉAUTEY, rue Saint-Guillaume, 23.

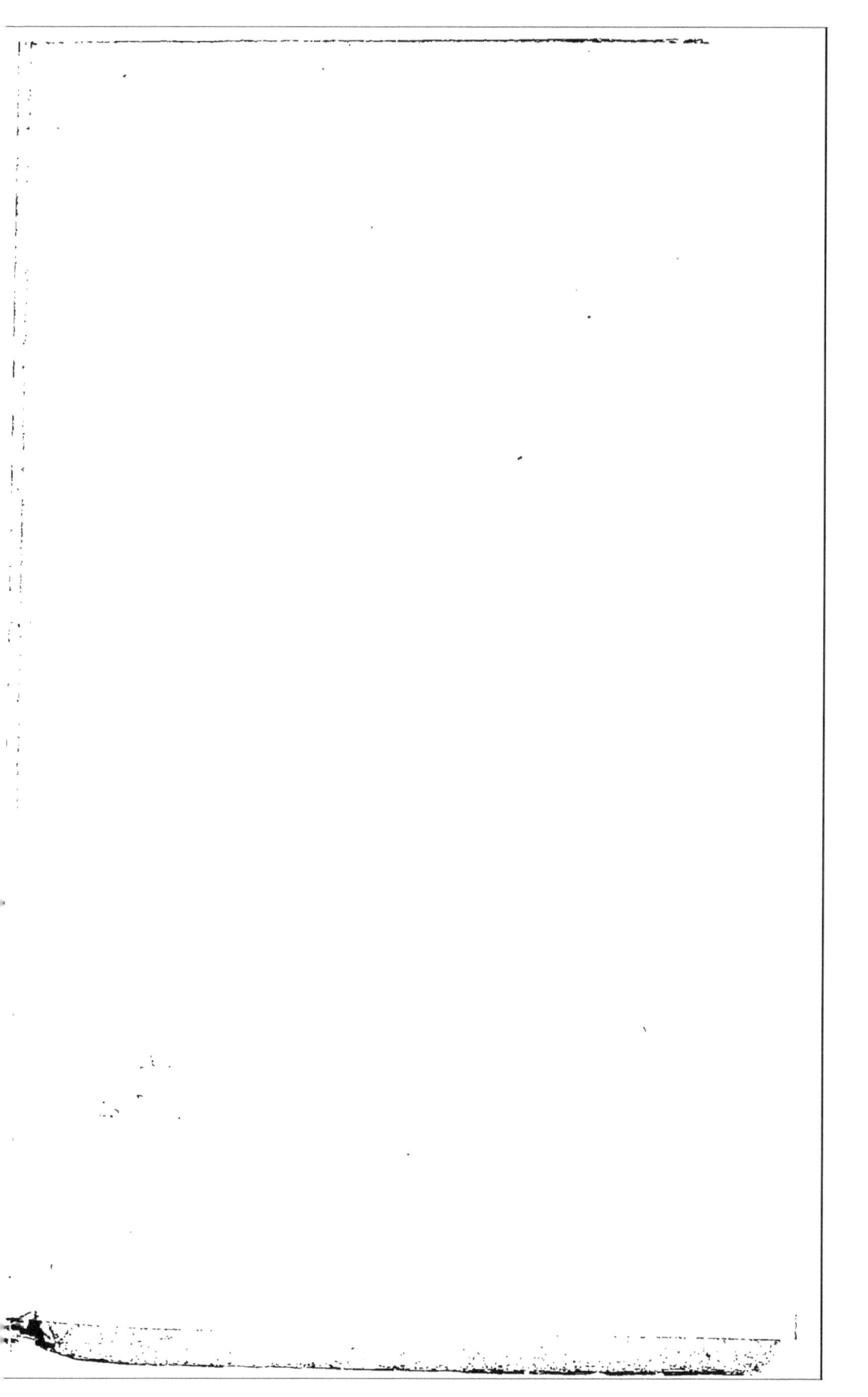

Imprimerie Léautey, rue St-Guillaume, 23.